JN170709

写真でわかる

イネの反射シート&プール育苗のコツ

農文協 編

農文協

はじめに

本書の企画・編集にあたっては、少し変則的な方法をとった。反射シートによる平置き出芽やプール育苗に取り組む農家の作業場面におじゃまして、写真と動画の両方を撮影。写真は本書で、動画はＤＶＤ『イネの育苗名人になる！』として発表することとした。初めて取り組む人たちにも、そのしくみとやり方を体感的にわかるようにしたかったからだ。

この育苗方法、誰でもラクしていい苗ができる。忙しい春先、気まぐれに変わる天気の中で換気や水やりに振り回され、苦労したわりにはなかなかいい苗ができないのが現実だ。ところが、反射シート＆プール育苗なら換気も水やりの心配も不要、茎が太くてよく揃ったいい苗が拍子抜けするほど簡単にできる。根は例外なくがっちり張るので、田植えのときにもラクに扱える。

じつは、弊会の月刊誌『現代農業』では、二〇年以上前からこの育苗方法を紹介しており、実践する農家は以前からいた。だがここ数年はとくに、稲作の担い手の代替わり、多様化、そして大規模化と、田んぼを巡る状況も変わってきており、誰でもラクしていい苗ができるこの育苗方法の価値も急速に高まってきていると感じる。

本書にも登場する反射シート＆プール育苗歴二〇年以上のベテラン農家、藤田忠内さんから取材中にこんな名言が飛び出した。「名人だけじゃなくて、誰でもラクしていい苗ができる。これが本当の〝ホンモノ技術〟だ」。

本書と一緒にぜひＤＶＤもご覧いただきたい。各地の風土や農家の気持ち、体の動かし方等々、動画ならではの発見もあり、仲間と稲作談義に花を咲かせていただけたら幸甚である。

二〇一七年一月

農文協編集局

第1章 反射シート&プール育苗はこんなにラクでいい苗ができる

第2章 「反射シート平置き出芽」のしくみとやり方

第3章 プール育苗のしくみとやり方

第4章 反射シート＆プール育苗の取り入れ方——事例より

第1章

反射シート&プール育苗はこんなにラクでいい苗ができる

広がりを見せるイネの反射シートによる平置き出芽とプール育苗の魅力とは何か。ベテラン導入農家・福島の藤田忠内さんの現場をのぞいてみよう。

1 反射シート平置き出芽

①播種する

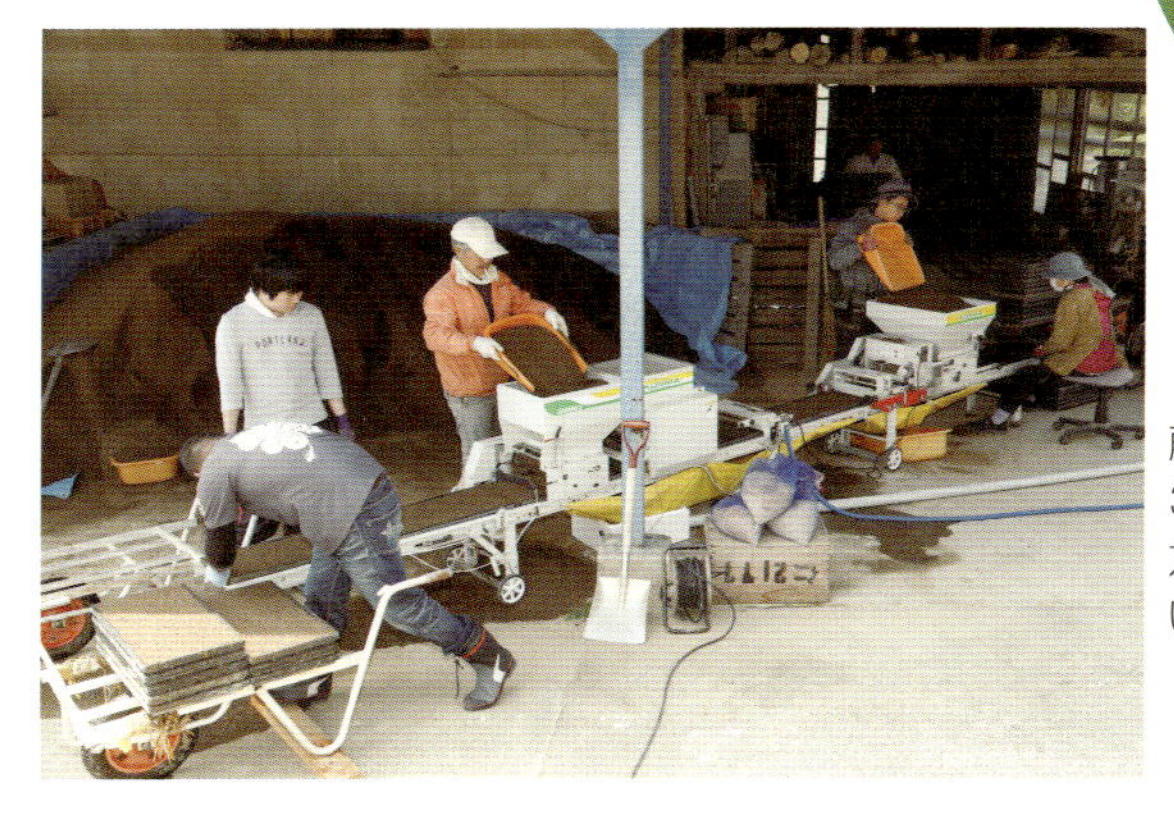

藤田さんは、販売用と合わせて3,000枚の苗を播種。近所の友人や親戚も集まり、1日で播いてしまう

播種量は催芽モミで100g。薄播きにするほど苗は茎が太く、葉っぱも幅広で健康に育つ。反射シート＆プール育苗なら根っこ優先に育つので、薄播きにしても田植え時のマット形成は問題ない

②平置きして反射シートで被覆

播種した苗箱をすぐ苗床に平置きし、保温と遮熱を兼ねた反射シートをかけてその場で出芽させる。育苗器に入れたり積み重ねたりする手間は不要。だから3,000枚もの播種作業でも1日で終えられる

鏡のように顔が映るのが、反射シートの特徴。光や熱の反射率が高いので、日中暑くなってもシートの下の温度は上がりすぎず、逆に夜間は地温を逃がさず保温する

③換気は不要

反射シートで被覆したら、ハウスは基本的に昼も夜も閉め切ったままで換気は不要。ハウス内の気温が50度を超えても、シートの下は30度台で保たれる

昔は、暑いと苗が焼けてしまわないか心配で1日何回見に行ったことか……。
今？　全然心配しません。
おかげで売る苗までいっぱいつくって、もっと大変になっちゃいました

奥さんのふき子さん

④反射シートを剥がす

天候にもよるが、播種後３～７日で生え揃うのでシートを剥ぐ。ハウスの端から端までバッチリ出芽

でスタート

反射シートを剥いで
芽を見てみると……

反射シート平置き出芽

反射シートはわずかだが光を通すので、最初から薄緑色の芽が出る。緑化の手間も省ける

積み重ね出芽

積み重ね出芽だと光が当たらないので、モヤシのように白い芽が伸びる。苗床に並べたあと、改めて不織布で覆ったりして緑化する手間がかかる。育苗器でも同様

緑の芽、根優先

出芽時の苗箱の底を見ると、早くも根が出てきていた

抜いてみると、芽よりも根が長く伸びていた。
「反射シートは出芽がゆっくりな分、根優先に育つ」と藤田さん

⑤水やり

反射シートを剥いでから2～3日後、培土の表面が乾いたら手かん水。以降も乾いたら1日1回程度かん水

1週間弱でこの通り、芝生のように一面緑色の苗に育った

2 プール育苗

①苗床を平らにする

苗の揃いをよくするために苗床を平らにする。藤田さんはモミガラを撒いてトンボで広げ、苗床の凸凹を埋めながら平らに均していく

②プールをつくる

モミガラの上に農ポリを三重に敷き、端をハウスパイプにパッカーで留めてプールの縁をつくる

※反射シート平置き出芽でそのままプール育苗にする藤田さんは、①と②の作業を播種前に済ませる

③湛水する

用水からポンプアップした水をプールに溜める

湛水開始のタイミングは、2葉目が出始めた頃(1.5葉期)。この頃になれば遅い芽も出揃う

④ハウスは開放

湛水したら、育苗ハウスは昼も夜も開けっ放しでOK。
水の保温力で守られるので、寒い日でも夜でもへっちゃら

換気を心配することがないから、ナシの摘果にも集中できる。何かと忙しい春作業時期も安心

丈が揃い、病気に強くたくましい

田植え時の苗。葉っぱが立ち、撫でるとビンビンとコシが強い健苗。病気もまったくなし。病原となるカビや細菌も水に沈んでしまうため

腰(第１葉の高さ)が低く揃って茎は太く、葉っぱも幅が広くてたくましい

実物大の苗姿。草丈19cmの堂々たる姿。換気、かん水の手間をかけずにこんな健苗ができる

根張りがよくて田植えも安心

つかんで持ち上げてもまったく崩れないくらい根張り抜群、しっかりマットを形成

グルッと丸めてもへっちゃらなので、少々手荒に運んでも問題ない

葉幅が広いので植え付け本数が少なくても寂しく見えず、
風にも強いので安心して植えられる

どんな年でも順調に育ち、大きな穂が滝のように隙間なく稔る。「苗が足りなくなってうちの苗を持ってった人が、『肥料はいつも通りなのに、でっかい穂がついた』って驚いてんだ」とニンマリ

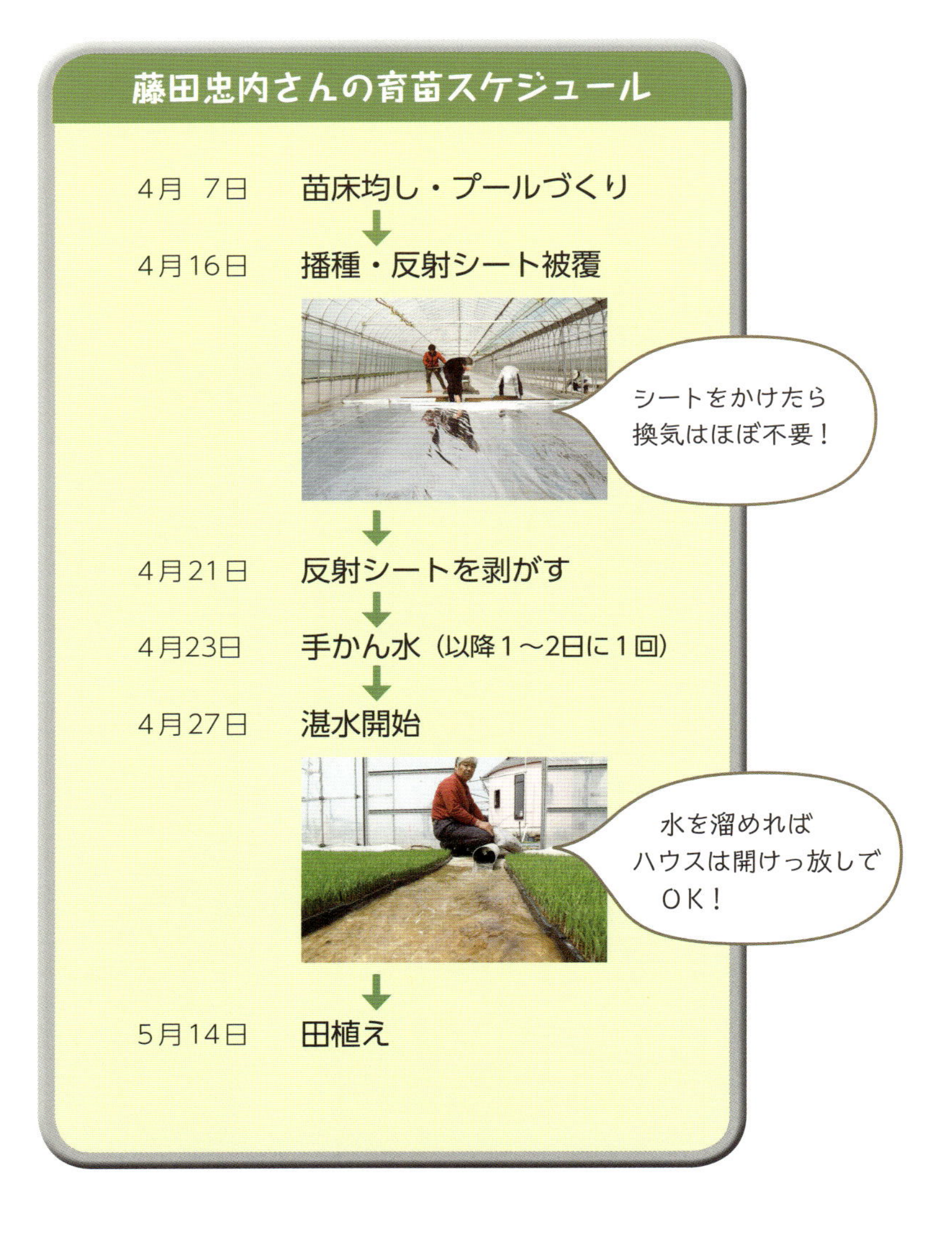

藤田忠内さんの育苗スケジュール

日付	作業
4月 7日	苗床均し・プールづくり
4月16日	播種・反射シート被覆
4月21日	反射シートを剥がす
4月23日	手かん水（以降1～2日に1回）
4月27日	湛水開始
5月14日	田植え

第2章

「反射シート平置き出芽」のしくみとやり方

そもそも出芽に必要な条件とは何か。
平置き出芽とは他の出芽法と何が違うのか。
反射シートとはどんなものなのか。
それらを踏まえて反射シートでの平置き出芽のしくみとやり方を見ていこう。

1 さまざまな出芽法と平置き出芽

反射シートで平置き出芽させた薄緑色の芽

出芽を揃えるための条件

苗つくり最初の関門、芽出し。失敗は許されないだけに、何日経っても芽が出なかったりすれば心配が募る。それに出芽からして揃わないと、あとあと苗の生育まで揃わないんじゃないかと不安にもなる。出芽はできるだけスムーズに揃えたい。

種モミの出芽には、いくつか必要な条件がある。十分な水分、温度、酸素があることだ。出芽を揃えるためには、まず種モミを積算温度で一〇〇度（水温一〇度なら一〇日）以上になるようしっかり浸種して、満遍なく水分を染み込ませてやることが第一条件。そのうえで二八～三二度の温度をかけて催芽し、どれもハト胸に発芽した状態で揃えてやることも大切。ここまでは、袋入りの種モミをまとめて処理できる。問題は、苗箱に播いたあとの温度管理だ。

手間とコストがかからないのは平置き出芽

温度を確保するため、昔も今も、育苗器や積み重ねなどの出芽法が広く行なわれてきた（23、24ページ参照）。ただいずれの方法も、播種した苗箱を育苗器に入れたり積み重ねたあと、改めて苗床に並べる手間がかかる。たっぷりかん水した苗箱の重さは一箱六kg以上。それを何百枚も動かすとなると……。身体の負担や人手のコストを考えても、苗箱を動かす回数は、できる

出芽揃いに必要とされている条件

- 十分な水分(25%以上)
- 十分な温度(30 ～ 32度)
- 十分な酸素

図1　出芽の方法と作業の流れ

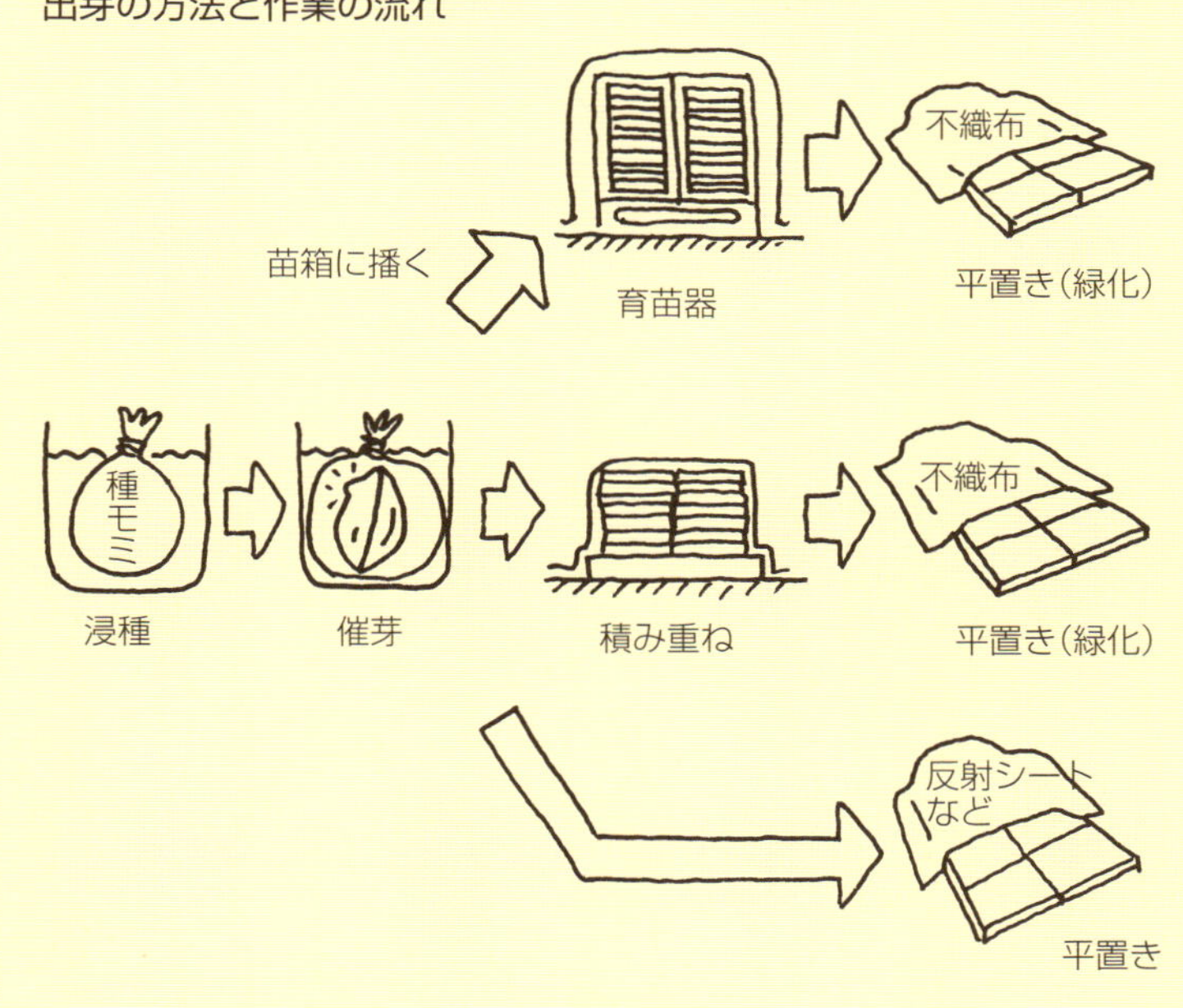

➡しっかり浸種して25%以上の水分を含ませ、28 ～ 32度の温度をかけて催芽、ハト胸状態にした種モミを播き、苗箱の温度を30 ～ 32度まで上げるために育苗器に入れて加温、あるいは積み重ねるか直接苗床に平置きして太陽熱を利用する。育苗器や積み重ねでは、出芽後に光が当たらないため芽はモヤシのように弱々しい状態。平置き後に不織布などで被覆、しばらく弱い光を当てて緑化してやらなければならない。

出芽法それぞれの特徴

育苗器

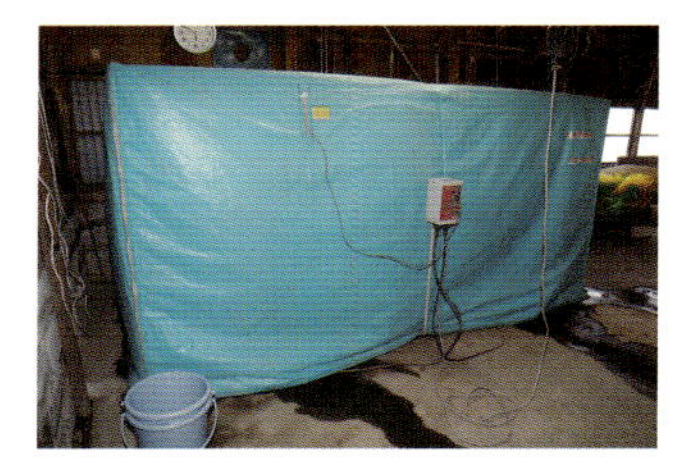

播種した苗箱を中に積み、電熱線の蒸気などによって30～32度の温度を保って出芽させる

メリット

- 人工的に加温、どんな天候でも計画的に芽出しできる

デメリット

- 設備にお金がかかる（育苗枚数が制限される）
- 積み込みや緑化の手間がかかる
- 上下で生育ムラが出やすい（上下を入れ替えると手間がかかる）

積み重ね

播種した苗箱を積み上げ、被覆資材で覆って太陽熱で温度を上げ、出芽させる

メリット

- 設備にお金がかからない
- 太陽熱利用でも比較的温度を上げやすく、早く芽出しできる

デメリット

- 積み下ろしや緑化の手間がかかる
- 温度管理に気をつかう
- 出芽時間が天候に左右されやすい
- 上下で生育ムラができやすい

平置き

播種した苗箱を苗床に広げ、被覆資材で覆って太陽熱で温度を上げ、出芽させる

メリット

- 設備にお金がかからない
- 積み下ろしや緑化の手間がかからない

デメリット

- 温度管理に気をつかう
- 出芽時間が天候に左右されやすい

だけ少ないほうがいい。

手間とコストを考えるなら、やはり平置き出芽だ。播種した苗箱をすぐ苗床に並べ、その場で出芽させるから手間がかからないうえ、育苗器などの設備も不要でお金もかからない。規模拡大にも打ってつけの方法といえる。

どんな地域でもひと昔前は種モミを苗床に直接播いていたわけで、平置き出芽はどこでもできる。ただ問題は、昔は六月以降の田植えが当たり前だったのに比べ、今は田植えと播種時期がだいぶ早い。ハウスを使えばどんな寒冷地でも日中は四〇〜五〇度まで上がるものの、夜にはかなり冷え込む。温度を一定に保つには、換気などの温度管理に相当気をつかわなければならない。

発芽不良と苗焼けで散々になってしまった苗（倉持正実撮影）

被覆資材次第でスムーズに揃う

スムーズな出芽に適した温度は三〇〜三二度。これより低すぎても高すぎても出芽は遅れて不揃いになるし、ひどいと種モミが腐ったり、出てきたばかりの苗が焼けたりすることもある。そんな心配をするくらいなら、育苗器に入れたほうがいいと考えても無理はない。

しかし平置き出芽でも、被覆資材の使い方次第で温度管理はラクにできる。平置きした苗箱を覆うことで、温度が上がりすぎないよう太陽光を遮断したり、夜間の地温が下がりすぎないよう保温したり、保湿や風避けなどさまざまな役割をこなす被覆資材。うまく使えば、平置き出芽で育苗器や積み重ね以上にラクでスムーズに出芽を揃えることができるのだ。

次ページから、市販されているさまざまな被覆資材についてくわしく見てみよう。

2 反射シートってどんなもの？

被覆資材のいろいろ

※各資材の商品名や連絡先については、70ページの一覧を参照

不織布
（ラブシート、ワリフなど）

ポリエチレン等の繊維でつくられた白いシートで、遮光性、保温性も高くはないが適度にある。強い光を避けたり軽く保温・保湿したりするために使う

ポリフィルムの中間にアルミ粒子が挟み込まれた鈍い銀色のシート。遮光率が80～90%と高くて地温上昇を抑え、保温性も高い。ただしシート自体にも熱が吸収されるため、反射シートよりは地温が上がりやすい

ポリエチレンの透明なフィルム。太陽光をよく通し、地温を上げる効果は高い。ただ夜間は地温を逃がしてしまうため、単独だと保温性は低い。ほかの被覆資材と組み合わせて使う

アルミ微粒子をポリフィルムに蒸着（真空中で蒸発させて接着）させたキラキラ光るシート。遮光率が80～90%と高いうえ、ほとんどの光を反射するために地温抑制効果が高く、保温性も高い

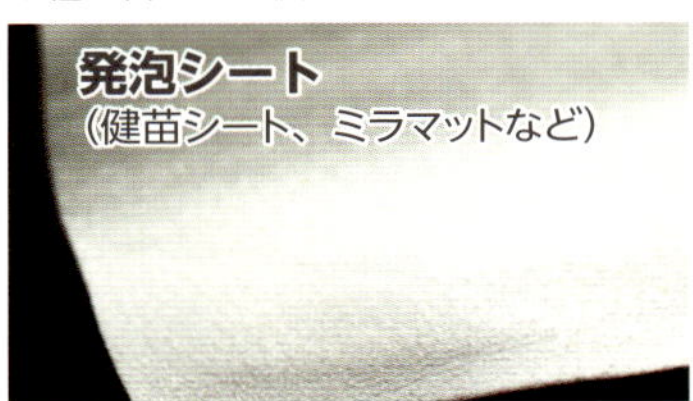

高圧ポリエチレンを発泡させ、たくさんの気泡を含ませた保温性の高いシート。遮光率50%前後で地温が上がりやすく、冷めにくい。厚いものほど保温性が高い。寒冷地でとくに夜温の低下を防ぐためなどに使う

被覆資材 それぞれの特徴を知ろう

平置き出芽に欠かせない被覆資材。各地の気温や作型に合わせてじつにいろいろな資材が販売されている。思えば、育苗する苗床も、ハウスで、トンネルで、露地でと地域によってさまざま。被覆資材を一枚で使うか、重ねるかと使い方もいろいろある。

ここでは、反射シートをはじめ、被覆資材それぞれの特徴を見てみよう。特徴がわかれば、より簡単で確実に平置き出芽できる被覆資材の使い方も見えてくる。

被覆資材で地温を抑制・保温するしくみ

遮光率が高いほど床土の地温抑制、保温効果も高い

平置き出芽に使われる被覆資材を大きく分類すると、前ページの写真のように五種類ある。素材や色もさまざまだが、どれも昼間の強い太陽光エネルギーをどう遮るか、また夜間の地面からの放熱をどれくらい保っていられるかで床土の地温抑制や保温の効果が大きく違ってくる。

被覆資材に当たった太陽光や熱の進み方を簡単なイメージにしたのが図1。太陽光も熱も、被覆資材に当たると反射、吸収、透過の三方向に進む。地温は、太陽光が透過する割合（透過率）が高い資材ほどぐんぐん上がる。その最たるものは、透明フィルムだ。

逆に地温を抑えたい場合は、透過率の低い資材、つまり太陽光を反射・吸収して遮光する割合（遮光率）が高い資材を使うといい。シルバーシートや反射シートがそうだ。

夜間の放熱を考えても、遮光率の高い資材はメリットが多い（図2）。熱を透過させずに反射・吸収する割合が高く、保温性も高いからだ。透過率の高い透明フィルム一枚では、昼は地温がどんどん上がるのに、夜間はどんどん熱が逃げてしまう。

図1　被覆資材に当たった太陽光の進み方

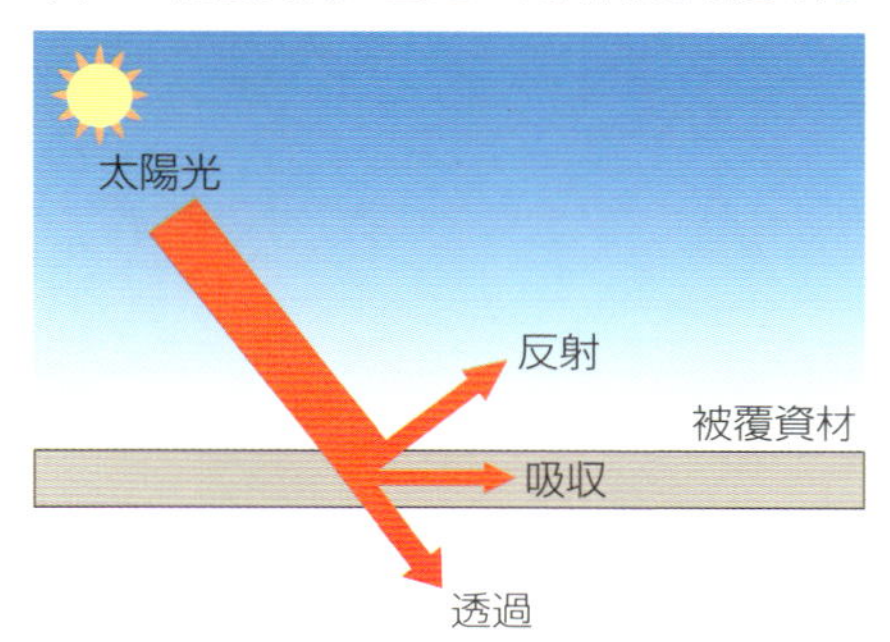

被覆資材に当たった太陽光のエネルギーは、反射、吸収、透過の３方向に進む。透過する光の割合（透過率）が少ないほど地温は抑制され、多いほどよく温まる。
よくいう資材の「遮光率」とは、太陽光全体を100%としたとき、（100－透過率）で表わされる。たとえば10%の光が透過して、残り90%は反射・吸収される場合の遮光率は90%

図２　夜間の放熱の進み方

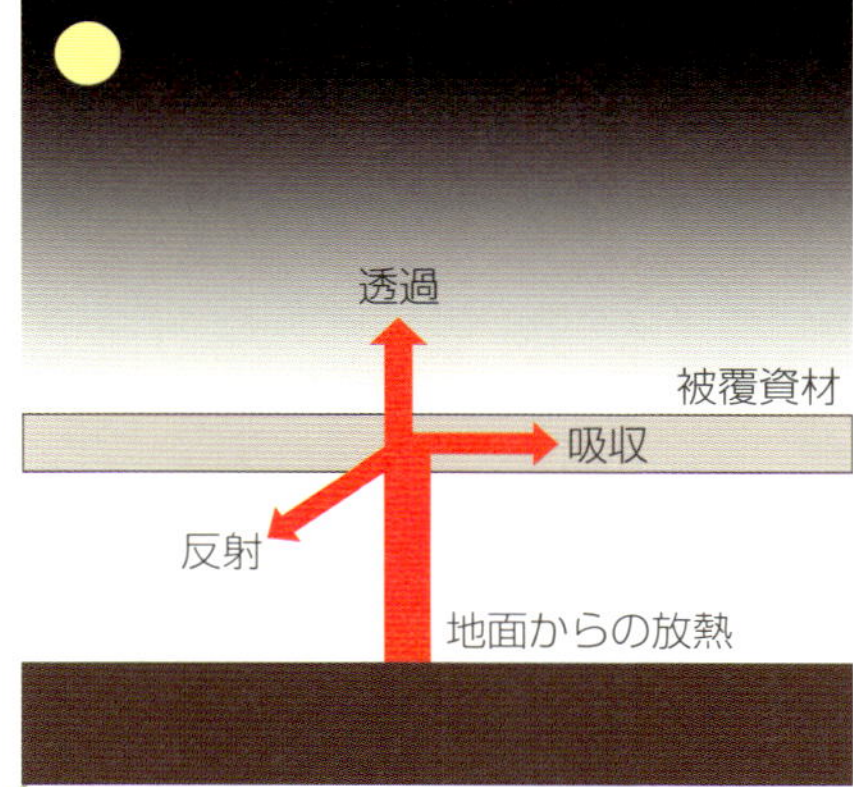

地面からの放熱も、反射、吸収、透過の３方向に進む。透過する熱の割合が少ないほど保温性は高い

反射シートとシルバーシートの地温抑制・保温のしくみの違い

図３　シルバーシートの地温抑制・保温のしくみ

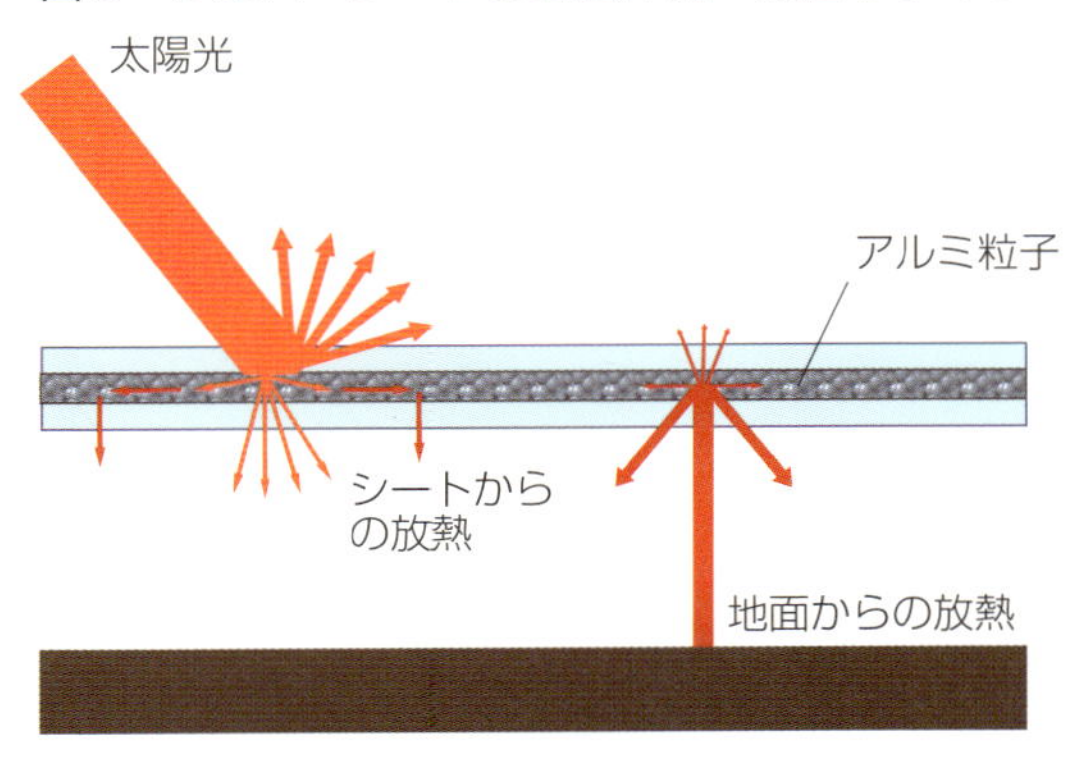

太陽光はシートの中間に挟み込まれているアルミ粒子に当たり、さまざまな方向に進む。大部分は反射、吸収されるので透過率は低く（遮光率は高く）、昼間の地温上昇を抑える効果がある。ただしシート自体が温まって放熱するため、反射シートに比べると地温は上がりやすい。
地面からの放熱も大部分を反射、吸収するので夜間の保温性も高い

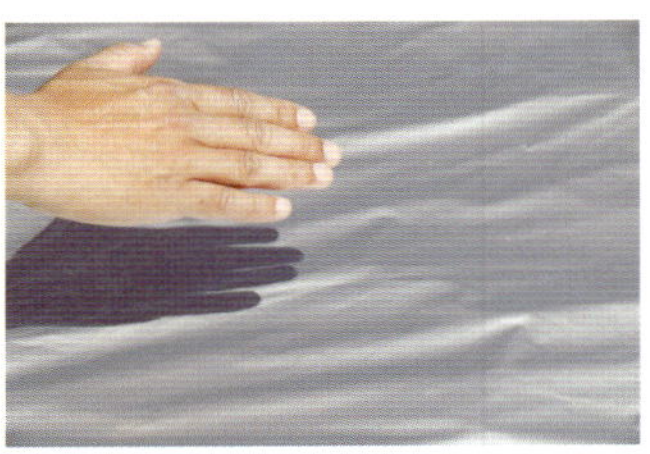

シルバーシートは反射率が低いため鈍い銀色

太陽を透かしてみると、光がさまざまな方向に進むのでぼやけて見える

図４　反射シートの地温抑制・保温のしくみ

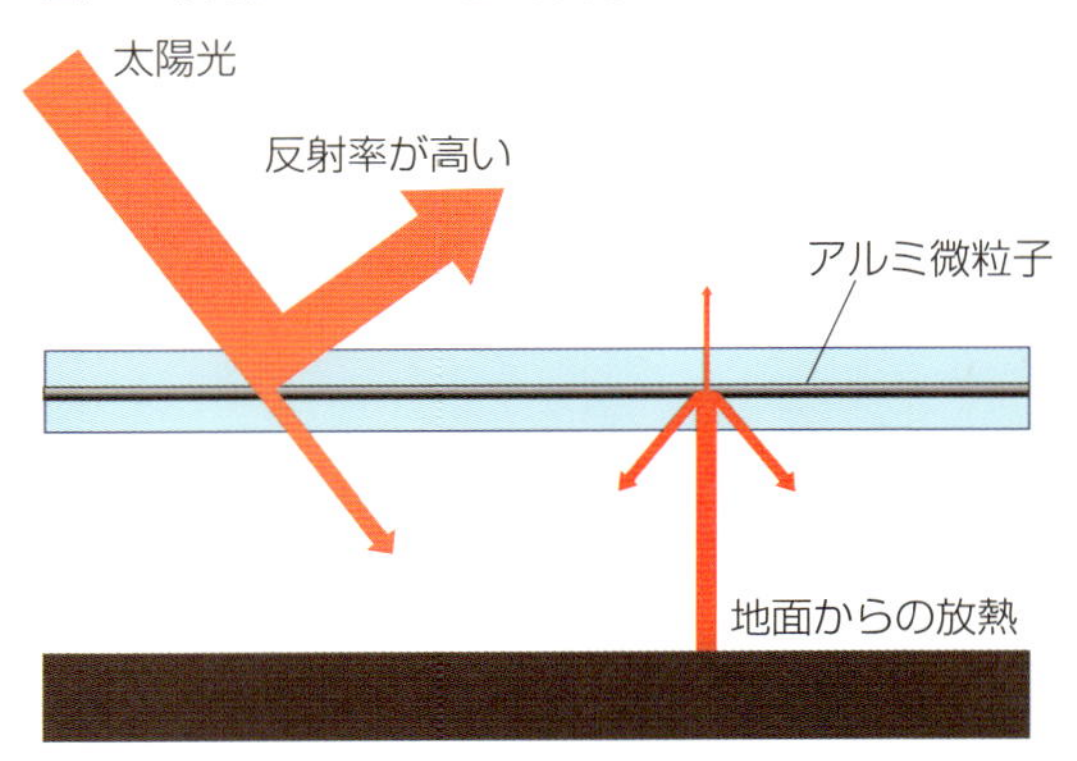

太陽光はアルミの微粒子に当たって大部分がキラキラ反射。吸収はほとんどされない。だから遮光率はシルバーシートと同程度でもシート自体は温まらず、地温抑制効果が高い。
地面からの放熱も大部分を反射するので、夜間の保温性もかなり高い

反射シートは鏡のようにモノが映るほど反射率が高い

透かしてみると、わずかな光はまっすぐ通していることがわかる

実験 反射シート、シルバーシートの地温抑制・保温効果

床土の温度は最高で33.8度に抑えられ、最低で13.6度に保てた

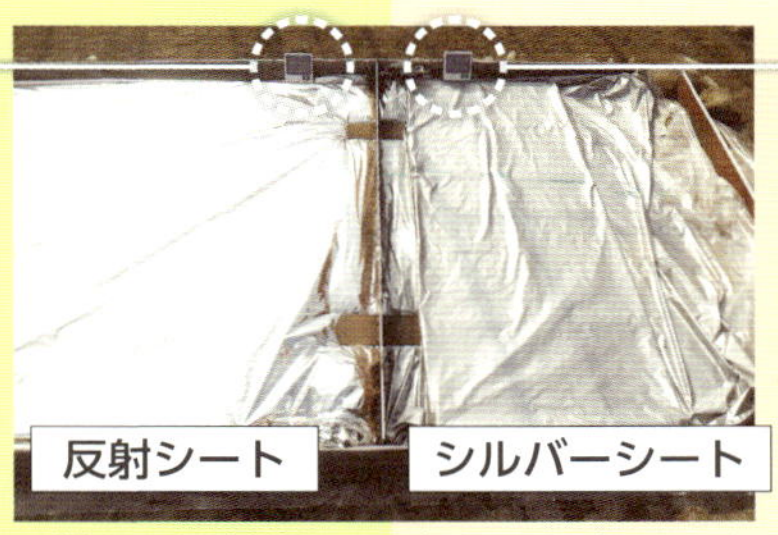

反射シート（太陽シート）とシルバーシート（シルバーポリトウ＃80）を平置きした苗箱に被覆、ハウスを閉め切って温度変化を比べてみた。岩手県滝沢市で4月24～28日の期間、ハウス内の温度は最高で54.1度まで上昇、最低で1.5度まで下がった

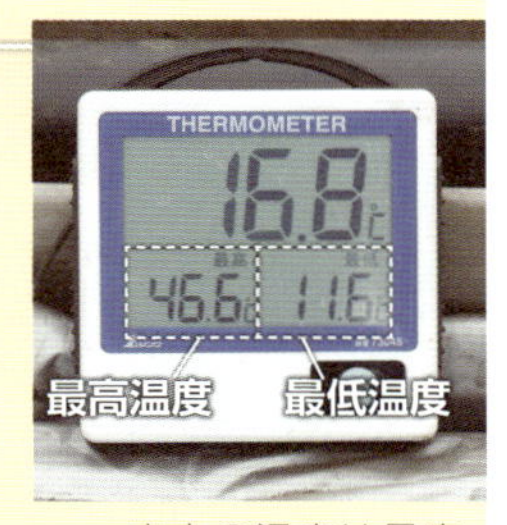

床土の温度は最高で46.6度、最低で11.6度になった

順調に芽が出てきた

高温にやられたか、まったく芽が出なかった

キラキラ反射で熱も反射

どちらも遮光率が高く、地温抑制と保温の効果が高い反射シートとシルバーシートだが、性質には大きな違いがある（図3、図4）。

シルバーシートは反射シートよりも地温の抑制効果は低く、ハウスを閉めきったままだと高温障害が出てしまうので、換気は忘れず行ないたい。

いっぽう反射シートは地温の抑制効果が高い分、地域によっては出芽で時間がかかってしまうことがある。寒冷地では、保温効果を上げるため下に有孔ポリを敷くなど二重に被覆する人も多い。

あまりに出芽が遅い場合、反射シートの上から別の被覆資材をかける方法もある。ただし、こうすると反射率が低くなり、日中の地温はどんどん上がってくるので注意したい。

3 「反射シート平置き出芽」作業のコツ

出芽時の覆土の持ち上がり。平置き出芽ではとくに問題になりがちだが、播種のやり方次第で避けられる

たっぷりかん水

かん水はたっぷり、ひと箱1L以上やる。反射シートで覆ったら出芽するまで水はやれない。また覆土全体がすぐ湿るくらいたっぷり水分を含ませたほうが床土と覆土がよく馴染み、持ち上がりにくくなる

持ち上がり対策と薄播き

では、いよいよ反射シートを使った平置き出芽の作業のやり方を見ていこう。「三〇年やってて、一度も失敗したことない」という藤田忠内さんに、各作業工程のコツを教えていただいた。

まずは播種。藤田さんは、播種のときに、出芽時の覆土の持ち上がりを防ぐ工夫をしている。平置き出芽では、蒸気で温める育苗器などと違い、覆土が持ち上がると下の芽が乾燥しやすいからだ。

また丈夫な健苗をつくるためには、できれば播種量は少なくしたい。反射シート&プール育苗なら根っこ優先で育つので、かなり薄播きでも田植え時のマット形成は問題ない。

薄播きで健苗に

播種量は、中苗ならできれば催芽モミで100g程度に抑えたい。薄播きのほうが、茎が太くて病気にもかかりにくい健苗ができる。また厚播きするほど覆土もごっそり持ち上がりやすい

覆土板は取る

藤田さんは、覆土板を取ってしまい、土を直接落とす。こうすると、土の粒子がバラバラに落ちて粗い覆土ができる

播種機には、ふつう覆土板が付いている。ここに土が当たると、軽くて細かい粒が上になって落ちる

覆土板ありのほうは粒が細かくて見た目にはキレイだが、かん水すると土がせんべいのように固まって覆土が持ち上がりやすい。覆土板なしのほうが粒が粗くて芽がすんなり出やすいので、覆土は持ち上がりにくい

幅5.4mのハウスに幅2mの反射シート（太陽シート）を３本、半分に切ったもの１本を使い、通路とサイド際は重ねるようにして全面を被覆する

被覆の仕方で出芽は揃う

播種した苗箱は、すぐに苗床へ運んで並べる。育苗器に入れたり積み重ねたりする手間も時間もかからないのが、平置き出芽のラクなところだ。さらに反射シートを使えば、かん水不要、ハウスも閉めっぱなしで芽が出るのを待つばかり。

ただし出芽を揃えるには、被覆するときのコツもいくつかある。出芽に最適な温度は三〇～三二度。反射シートで順調に出芽させるには、ハウスを閉め切ることで気温をそれ以上に上げつつ、反射シートで地温が上がりすぎないように抑えてやるのが原則だ。播種日の天気がよくて気温がぐんぐん上がるようなら並べながらすぐ反射シートで被覆していったほうがいいし、逆に播種日が寒かったら、苗箱を並べたらハウスを閉め、しばらく温めてから被覆したほうがいい。

寒冷地では有孔ポリ＋反射シート

岩手県滝沢市の澤村勉さんは、反射シートの下に有孔ポリを敷いて二重被覆している。こうすると反射シートで昼間の地温が上がりすぎるのを防ぎつつ、保温力を上げることができるため、夜間の冷え込みが心配な寒冷地でも問題なく平置き出芽できる

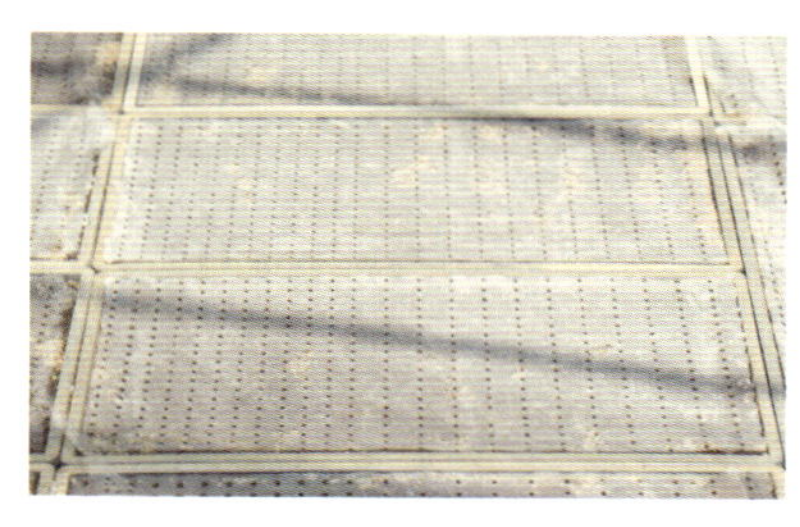

播種日が寒いときは、まず有孔ポリだけかけてしばらく培土を温めたあと、反射シートをかけてやれば出芽が遅れにくい

隙間・汚れは厳禁

被覆後のシートに泥が載ったりして汚れていると、そこだけ反射率が落ちて地温が上がってしまうので注意。払い落としてキラキラにしてやる

苗箱を並べ終わったら端まできっちり被覆する。隙間があると地温が上がってしまうので注意

気温の低いハウスのサイド際は、より温かくなるよう二重に被覆するのもコツ。逆に、春先の寒冷地でも閉め切ったハウスの中は五〇度以上の高温になることもしばしばある。反射シートの下の温度は抑えられるが、隙間や汚れた部分があったらすぐ出芽ムラになるし、ヘタしたら高温障害も出るのできっちり覆うよう注意したい。

閉め切って温度を上げる

被覆したら、ハウスは昼も夜も閉め切って温度を上げる。よっぽどの真夏日以外、換気は考えなくても大丈夫

ちょっと換気、ゆっくり出芽で根っこ優先

日差しが強くて気温が30度近くなりそうな日だけは少し天窓を開けて換気してやる。地温はやや低めに保ち、3日以上かけてゆっくり出芽させたほうが、根っこ優先で育つと感じているからだ

出芽は遅れても心配ない

ハウスは閉め切り、温度を上げてやったほうが出芽は早まる。29ページで実験したように、ハウス内気温が五〇度を超えても反射シートの下は三〇度台。これなら高温障害の心配はない。寒冷地でも、二重被覆するなど保温にだけ気をつければ、寒すぎて芽が出ないことはまずないだろう。

福島の藤田さんのところでも、播種後に暑い日が続いた年は、わずか三日で出芽したこともあるという。早く出芽すれば安心だが、「根よりも芽が先に伸びてしまう」と藤田さん。根っこ優先の生育にするため、あまりに暑くなりそうな日はちょっと換気するようになった。

逆に出芽が遅くなる分には心配しない。寒い年は最長で一五日かかったこともあるが、まったく問題なく育ったそうだ。

剥がす タイミング

剥ぐベストタイミングはこのくらい。芽が0.5 ～ 1cm顔を出してきた頃

ほとんど顔を出していない芽でも抜いてみると根は長く伸びている

早め早めで伸び癖防ぐ

2016年は被覆から5日後に反射シートを剥いだ。本当はもう1日早めたほうがよかったそうだ。長くかけすぎると伸び癖がつくので、早め早めに剥いだほうがいい

端だけ被覆でムラ改善

ハウスの入り口付近やサイド際など、出芽がだいぶ遅れているところには、夕方、部分的に反射シートをかけてやる。保温効果で2～3日も繰り返せば追いついてくる

乾くまで待って根を守る

シートを剥いでから2～3日後、培土の表面全体が白っぽく乾いてからかん水する。剥いだ直後のかん水は避ける

手かん水は、苗箱の縁をなぞるように2周するのがムラなくかけるコツ

剥いで一週間はショックを避ける

平置き出芽以外のやり方でも同じだが、芽が出てからの一週間はデリケート。その後の苗の性格を決める大事な時期だ。最初から緑の芽が出る反射シートでは緑化のために別の被覆資材をかけたりする必要はないが、急な温度変化などのショックを与えないように気をつける。

藤田さんは、反射シートは晴れの日なら夕方、曇りなら午前中に剥ぎ、芽に弱い光を当てながら温めてやる。このとき覆土の持ち上がりがあるとすぐ水やりして落としてやりたくなるが、じっと我慢。培土の温度が急に下がり、根っこの生育がいじけてしまうからだ。

だがこの期間、過保護にしては苗が軟弱になる。ハウスは温めすぎず、基本的に開けっ放しで夜温が一〇度を下回りそうな日だけ閉めてやる。

この一週間だけは気が抜けないが、一・五葉になればもう安心。プール育苗の始まりだ。

1週間で緑の絨毯に

反射シートを剥いだ直後。シートが重なった部分は芽が白っぽく、ムラがあるようにも見えるが……

翌日夕方には、ほぼ満遍なく緑の芽に

1週間後にはこの通り。全面ムラなく緑の絨毯のようになった

こんなとき どうする？

Q 反射シートに穴？ 補修できる？

切れ端を下に敷くだけでOK

劣化してアルミが透けている部分（矢印）が穴が開いたように見える。水分や汚れでアルミが酸化するとこうなる。放っておくと温度が上がりすぎ、そこだけ苗が焼けるかも……

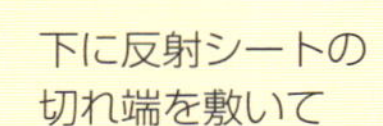
下に反射シートの
切れ端を敷いて

シートを戻せばご覧の通り、全面キラキラに。ただし透けている部分が目立ってきた反射シートは、反射率も落ちてきているので注意。早めに新しいモノに交換したほうが安全

Q 高価な反射シート、長持ちさせるにはどうするの？

水分、シワを残さず片付ける

まるで新品のようにきっちり丸めた藤田さんの反射シート。3年目でもまだまだ使える

シワシワのまま丸めて保管。こんな片付け方では劣化しやすい

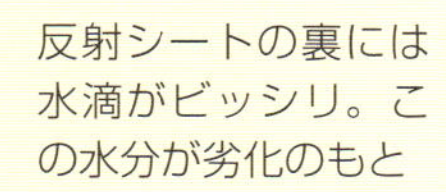

反射シートの裏には水滴がビッシリ。この水分が劣化のもと

シートは午後3時頃、朝露が乾いてから剥ぐのがコツ。夕方の弱い光が芽にもやさしい

藤田さん考案、反射シート巻き取り器。ハウスビニールの巻き取り器のパイプに反射シートの筒を通し、3人ひと組で巻き取っていく

巻き取り器は、アルミブリッジや脚立に載せて縛りつけるだけ。機械のように一定の速度でゆっくり回す

反射シートの両端を伸ばしつつ、片寄らないように端を合わせていけばシワも寄らずに巻き取れる

スコップに巻き取り器を載せ、ハウスから直接巻き取ることも。シートがよく乾いていればこれでもOK

※詳しくはDVD「イネの育苗名人になる！」（農文協）をご覧ください

第3章

プール育苗のしくみとやり方

プール育苗は、じつは現代版「昔の苗つくり」といえる。
どういうことか。
そのしくみとやり方を見ていこう。

1 水苗代と畑育苗のいいとこ取り

ガッチリ苗ができた水苗代

田んぼにつくった苗床に水を張って育苗する

水苗代で育てた成苗。茎が太くて根張りも抜群、低温でもよく活着する

水苗代の長所・短所

長所
- 水に守られて低温・高温障害を受けにくい
- 病気が出にくい
- 活着のいい健苗ができる

短所
- 作業性が悪い
- 播種時期が遅くなる（気温に左右される）

健苗が育ち、作業性もよい

かつて稲作を手植えでやっていた頃、育苗は田んぼにつくった苗床に水を張って育てる「水苗代」だった。化学肥料や農薬、ハウスやトンネルさえ満足になかった時代でも、当時の苗はたくましく、低温でもよく活着したという話を聞いたことがある人もいるだろう。これは、水の力によるところが大きい。寒いときには深水にすれば保温できるし、カビや細菌などの病原菌からも、水没させれば守れたからだ。

田植え機を使うようになってからも、田んぼに苗箱を並べてトンネルで覆う「保温折衷苗代」で水の力を活かして育苗している地域もある。ただ、田んぼに水を張ると足下はグチャグ

現代版・水苗代のプール育苗

ビニールでつくったプールに水を張って育苗。水苗代と同様、水に守られているのでハウスはずっと開放でも低温・高温障害を受けにくく、病気にも強い。しかも、田んぼと違って足もとられず作業もラクラク

根張り抜群の健苗に

プール育苗のほうが茎が太くて葉幅も広く、播種量は少ないのに根量が明らかに多い

プール育苗の苗（120g播き）

手かん水の苗（180g播き）

チャで作業性がすこぶる悪い。時代が進み、稲作の規模が大きくなるほど育苗は田んぼから離れ、ハウスなどで行なう畑育苗が中心になった。

プール育苗は、畑にプールをつくり、水を張って育苗する技術。水の力を利用する水苗代の長所を活かしつつ、畑育苗の作業性のよさも取り入れた、いわばいいとこ取りの方法なのだ。

水の力を活かせるので、温度調節は簡単。寒いときは水をたっぷり溜めて保温、暑いときは冷たい水を流せばいい。ハウスは一日中開けっ放しでいいし、水苗代同様に露地でも育苗できる。

プールをつくり、播種した苗箱を並べたら反射シートで平置き出芽させ、以降は水を張ってプール育苗で管理すれば、誰でもラクラク健苗ができる。

2 プールづくりのコツ

①モミガラを撒く

ハウスにモミガラを撒く藤田忠内さん

②目検討で平らに均す

トンボや竹ぼうきを使ってモミガラを広げ、目検討で平らに均す。目検討でも高低差3cm以内にならできる。モミガラなら軽いので均すのも簡単

三cm以内の高低差なら問題ない

プール育苗は、どこでもできる。これまでの苗床を使ってもいいし、田んぼや庭先、駐車場でやったっていい。ある程度平らになってプールをつくれる場所さえあれば、下は地面だろうがコンクリートだろうが関係ないのだ。

プールは、もちろん高低差が少なくて平らであるほどいい。水を張ったとき、一部は水没しているのに一部はまったく水に浸かっていない状態では、水の力を活かした管理はできない。でも、プール育苗歴約二〇年のベテラン藤田忠内さんは「三cm以内の高低差なら問題ない」という。三cmは苗箱の高さ。その範囲内なら、低いほうの苗箱の縁に合わせて水を張れば、高いほ

③ビニールを敷く

モミガラの上に農ポリ(厚さ0.05mm)を三重に敷く。写真は一番下、一昨年から使っている農ポリ。この上に昨年使ったもの、一番上に新品を敷く

④縁をパッカーで留める

ハウスのサイド際、高さ約20cmに取り付けた直管パイプに農ポリをパッカーで留め、プールの縁をつくれば完成。これなら枠を立てなくてもプールができるし、ハウスサイドとプールの間に農ポリで空間をつくれるため、冷たい外気の影響をやわらげられる

うの底も水に浸かるからだ。

お客さんに販売する分も含めて三〇〇〇枚も育苗する藤田さんは、奥行き五〇mの三間ハウスをモミガラを敷いて手早く平らに均す。モミガラなら軽くて手作業で広げやすく、低い部分には多めに敷けば、目検討でもある程度平らに均していける。

多少凸凹があっても、下がモミガラなら苗箱を並べるときに足で踏み均せば平らになる

① プールの枠を立てる部分だけ管理機で耕していく澤村勉さん。ハウスは春先まで野菜をつくっていたが、全面耕耘後、運搬車のキャタピラで踏み固めた。ここに幅1.7m、長さ12mのプールをつくる

② ピンクのゴム糸を目印に、枠にする鉄板を立てていく。鉄板は、高さ23cm、幅183cm、厚さ3.2mm 。ハンマーで打ち込む

レーザー水準器で平らに

③ レーザー水準器を水平な板の上にセットして照射。日没後のほうがラインが見やすい。ラインの高さは、とりあえず地面から10cm程度にしておく

真っ平らにすれば底面給水もできる

定年後にプール育苗を始めて四年目の澤村勉さんは、とにかく平らなプールをつくるため、レーザー水準器を使って均している。目指す高低差は五mm以下！　そこまで真っ平らにすると、出芽後すぐにでも水を入れて底面給水できる（60ページ）。春先まで野菜もつくっているハウスなのでプールづくりはちょっと大変だが、手かん水する手間がかからずムラなく水やりできるし、以降の水位調節もラクになるというわけだ。

勾配があってもできる

「うちではプール育苗はできない」という理由でよく挙げられるのが、苗床の勾配がキツイこと。福島の大槻博さんも、かつてはそう思った一人。育苗ハウスの高低差が六〇cmもあったか

枠に均し板（プールと同じ幅1.7mの鉄板に柄となるL字アングルをC型クランプで固定）の柄を載せて動かし、土を削っていく。水平の枠に沿って削るので高低差は5mm以下に均せる。L字アングルの高さ（＝プールの深さ）は、土を削りやすいよう10cm前後で調整する

ラインに合わせて鉄板をハンマーで打ち込んでいく

ラインが鉄板の上辺にピッタリ重なるよう、微調整しながら打ち込む。打ち込みすぎたらペンチで引き上げる

幅2.5m、厚さ0.15mmの農ポリを敷き、L字アングルで押さえればプールの完成

堰で勾配を克服

大槻博さんの育苗ハウス。奥行き約20mで高低差が60cmあったが、山砂を入れて均して20cmにまで縮めたあと、さらに3つに区分けして均し、土嚢で堰をつくって3段の棚田状のプールにした。水は高いほうから流し、土嚢の隙間から低いほうへ流れ落ちるようにしている

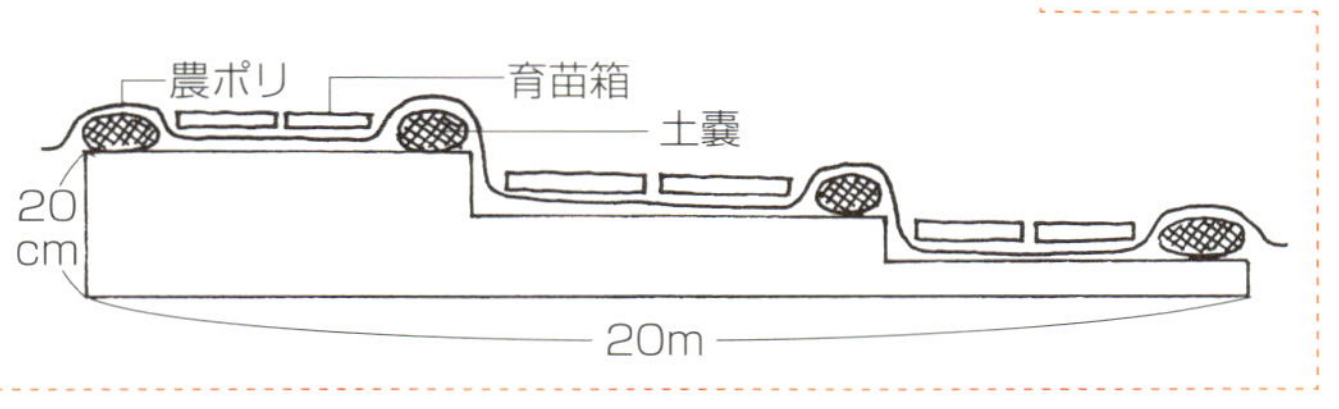

らだ。でも、今はハウスを棚田のように区分けして均し、堰をつくってプール育苗を実践。ずいぶん管理がラクになったと喜んでいる。

3 プール育苗　管理のコツ

苗箱

根が出にくいものを

成苗用の苗箱だとご覧の通り。箱裏までビッシリ張った根を切るのに苦労する（小倉かよ撮影）

稚苗用の苗箱。穴が少ないので箱裏に出る根が少ない

穴が多い苗箱には、根切り用の下敷き紙（クラパピー等）を敷いて使う

ダイヤカットの苗箱。くぼみがあって根が箱裏に出にくい

根切りに苦労しない苗箱を選ぶ

換気もかん水も不要、管理が圧倒的にラクになるプール育苗だが、プール育苗ならではの管理のおさえどころがいくつかある。

まずは根切りに苦労しない苗箱を選ぶこと。もちろん、どんな苗箱でもプール育苗はできる。ただ、畑育苗とは比べものにならないほど根張りがすごいため、穴の多い成苗用や中苗用の苗箱だと、箱裏まで根っこがビッシリ。田植え時の根切りに思いがけない苦労をする。

そこでプール育苗では、中苗で田植えするとしても穴の少ない稚苗用の苗箱、もしくはダイヤカットの苗箱を使ったほうが無難。箱裏まで出てくる

露地プール育苗をしている山石秀悦さんの苗箱は、ひと箱たった3.9kg。一般的な苗箱(約6kg)と比べてだいぶ軽い。じつは培土の量も2割減らしている

くん炭を3割培土に混ぜ、軽量化。プール育苗なら、くん炭の割合を増やしてもpHや保水性に問題は出にくい

培土量を減らし、くん炭を混ぜる

田植えのときも2箱重ねて軽々運ぶ山石さん

根は少なめになる。

どうしても成苗用や中苗用の苗箱を使い続けたい場合は、根切り用の下敷き紙を敷いたほうがいい。新聞紙程度では根っこが突き抜けてしまい、かえって剥がすのに苦労する。

苗箱を軽くする工夫を

次に培土を軽くすること。プールでたっぷり水を含ませた苗箱は、田植えの数日前に水を切ったとしても畑育苗の苗箱より重くなりがち。できれば苗箱を軽くする工夫をしておきたい。

露地プール育苗で一四〇〇枚つくっている山石秀悦さんは、培土にくん炭を三割混ぜたうえ、苗箱に入れる量も二割減らして軽量化。わずか三・九kgの苗箱を実現している。

くん炭を培土に混ぜると、pHが上がってムレ苗が出たりしないか心配する人もいるだろう。でも、病気の出にくいプール育苗ならまったく問題なし。中には一〇〇%くん炭培土でプール育苗する猛者もいるほどだ。また保水性を心配する人もいるかもしれないが、水に浸かったプール育苗では杞憂。培土の量を減らしても同様だ。

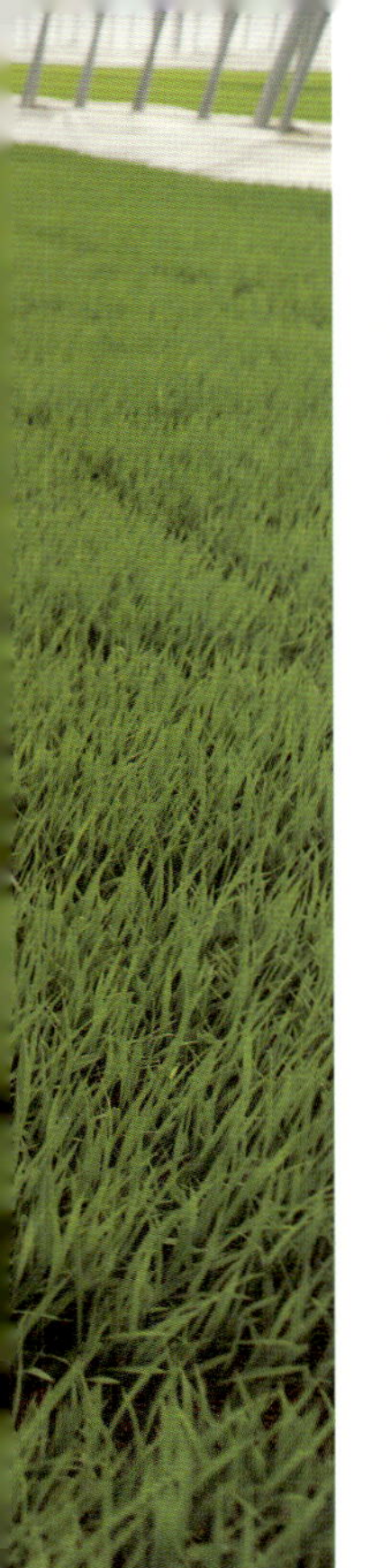

湛水開始のタイミング

芽が出て約１週間後、２枚目の葉が出てきたら（1.5葉）湛水開始のタイミング

1.5葉期で湛水

1.5葉の頃になれば、遅れている芽もほぼ出揃う。湛水しても酸欠になることはない

一・五葉までは酸欠に注意

プール育苗で一番迷うのは、湛水開始のタイミングだろう。水はできるだけ早く張りたいところだが、注意したいのは種モミの酸欠。だいたい出芽したと思っても、苗箱の中には遅れている種モミも結構ある。早く湛水しすぎると、これらの種モミが酸欠になって芽が出られなかったり、根っこの発達が遅れたりする。プールの均平に自信がない場合は、やはり出芽を確認してからしばらくは手かん水で管理してやったほうが安全だろう。

出芽後約一週間もすれば、二枚目の葉が伸びてくる。苗箱の大部分がこの一・五葉になれば、遅れている種モミの芽も出揃ってくるので、酸欠の心配もなくなる。この一・五葉期が湛水のタイミングだ。湛水してしまえば、あとは「旅行に行ったっていい」というほど管理はラクになる。

いざ、湛水開始！

根が箱裏から出てくるくらい発達した頃を湛水開始の合図としてもいい

藤田さんは、用水からポンプアップした水をホースでプールに入れている。水の勢いでホースが暴れないよう、先端は塩ビ管に入れて土嚢で押さえている

岩手の澤村さんは、箱上1～2cmの水位を維持。とくに寒冷地では、イネの生長点がある苗の根元を水でしっかり守ってやる

プールに多少の高低差がある藤田忠内さんは、高いところの苗箱の底が水に浸かっていればよしとする。高いところのプールの底が出てきたら水を入れ、培土が常に十分湿っている状態を保つ

培土が常に湿っているように

湛水後の水位は、人によって結構違う。岩手の澤村勉さんは、常に箱上一～二cmの水位を維持する。このくらい水を張っておけば、イネの生長点がある苗の根元も培土もしっかり水の中。寒さや病気から守る水の力を十分発揮できる。

いっぽう福島の藤田忠内さんは、もともとプールに高低差もあるため（三cm以内、44ページ）、高いところは苗箱の底が水に浸かっている程度の水位。それでも二〇年以上とくに問題は出ていないという。岩手ほど寒くもないので保温性で困ることもないし、底さえ浸かっていれば培土も十分湿り、病気から守る効果は十分あるからだ。

逆に最近は春でも真夏のように暑い日がある。プールで深水を維持していると、温かすぎて徒長する恐れも出てくる。そんなときには冷たい水に入

湛水後、サイド、肩、天窓、入り口も全部開け放った澤村勉さんのハウス。スズメ避けのネットは欠かせないが、昼も夜も全開で大丈夫

4月末、秋田県横手市・山石秀悦さんの露地プール。5月に入っても霜が降りるような寒冷地だが、プール育苗なら露地でもできる。1.5葉までは健苗シートやラブシートで保温してやるが、以降は被覆資材も剥いでしまう

5月下旬、まもなく田植えを迎える山石さんの露地プール苗。端から端までビシッと揃った見事な出来ばえ

れ替えてやるのが一番だが、水位は低めにしておき、苗が温まりすぎるのを防ぐのもひとつの手だ。

ハウスは開放、露地でもできる

湛水したら、あとの温度調節は水任せ。ハウスは昼も夜も開け放ち、換気はいっさいやらなくていい。寒い日はついつい閉めて温めてやりたくなるのが親心だが、その結果、過保護で伸びすぎた苗になりがち。

露地プール育苗に取り組む人も、年々増えてきている。山石秀悦さんは、かまくらで有名な豪雪地帯、秋田県横手市でもう一〇年以上露地プール育苗を実践。「寒さは深水にすれば心配ない。最近は暑さ対策のほうが気をつかう」という。

こんなとき どうする？

Q こんなに凸凹プールでも大丈夫？

凸凹のプール

底が水に浸かればなんとか大丈夫

草丈 約15cm　　草丈 約12cm

約２週間後の苗。底上げしたほうも順調に育ち、葉先の高さは揃った。草丈を測ると、底上げしたほうは箱の高さ（3cm）とちょうど同じくらい短い。凸凹だと草丈に多少バラツキは出そうだが、底が水に浸かれば管理は同じようにできそうだ

わざと底がギリギリ水に浸かる程度の苗箱をつくって、凸凹プールの実験をしてみた

Q うちは特別寒いから開けっ放しは無理じゃない？

「朝起きたら、露地苗にかけたラブシートがパリパリに凍ってたこともあります。それでも大丈夫でした」という秋田県横手市の山石秀悦さん

北東北の露地でさえも寒さは心配ない

山石さんの露地プール苗。4月末、育苗器で芽出しした苗を露地に並べ、3日間は健苗シートとラブシートで保温。1葉で湛水するまでラブシートだけはかけておき、以降はラブシートも剥いでしまう。霜が降りそうな日も、「葉先が出る程度まで深水にすれば大丈夫」

露地でまともに寒さや暑さにさらされるので、ときには葉先が白くなったりすることもあるが、朝このような露が出ていれば生きてる証拠。心配ない

Q 暑さで伸びすぎてしまわないか？

プールなら暑さ対策もできる

でも、新鮮な水を入れればご覧の通り。約1時間後に気温は30.5度まで上がったのに、培土の温度は16.9度まで下がった

5月24日、山石さんの露地プールで測定した温度。お昼前で気温は26.9度まで上昇。露地でも2016年は暑さ対策のほうに気をつかったという

苗箱が水没するくらい水が行き渡ったら落水。溜めっぱなしだと水温も上がってしまうが、溜めて落水すれば培土の温度は下げられる。畑育苗よりも暑さ対策はやりやすい

※詳しくはDVD「イネの育苗名人になる！」（農文協）をご覧ください

第4章

反射シート&プール育苗の取り入れ方——事例より

定年農家も、複合経営農家も、新規就農者も、寒地でも暖地でも……
反射シートとプール育苗を使いこなせば、ラクに安心して育苗できる。
規模拡大にももってこい。

定年後の複合経営でも反射シート&プール育苗なら安心

●岩手県滝沢市・澤村勉さん&早苗さん

手間をかけてもトラブル連続だった育苗

「簡単で、軽いし、太陽シート大好きです」と早苗さんが笑えば、「プールにしてから揃いがいいし、毎年安定してバキバキの固い苗ができます」とニンマリする勉さん。仲睦まじい澤村夫妻は、反射シート（太陽シート）を二〇年以上、勉さんの定年退職後にプール育苗も始めて四年目になる。今でこそ見事な苗をつくっているが、ここに辿り着くまでの道のりは、それはそれは大変だったらしい。

岩手県滝沢市でスイカとリンゴを直売しつつ一・三町の田んぼをつくっている澤村夫妻。まだ勉さんが勤めていた頃、イネの育苗はちょくちょくトラブルの元になっていた。とくに反射シートを使う前、勉さんの父親が育苗担当だった頃は苦労の連続。育苗器を使っても芽が揃わず、ハウスに並べてからも寒い夜には被覆資材を慌てて何重にもかけ、翌朝剥がすのが遅れたり……手間をかけるわりにポツポツと病気が出たり、結局伸びすぎて葉っぱを切ったこともあったという。

反射シートの効果、温度も測って確信

そんな苦労を横目に見つつ役場の仕事中心の生活をしていた勉さんだったが、父親が早逝、三〇代で育苗を引き継ぐことになってしまった。勤めも忙しく、ハッキリ言って自信がなかった勉さん、とりあえず三年間は

反射シート＆プール育苗で育てた苗と澤村夫妻

澤村さんの経営

イネ1.3町、リンゴ5反、スイカ2反
反射シート20年以上、プール育苗4年目

田んぼを人に預け、自分なりに稲作のことを勉強してから引き継ぐことに。そして読みあさった父親の愛読誌『現代農業』で見つけたのが、反射シートを使った平置き出芽だった。

「苗箱を並べて被覆したらハウスは閉めっぱなし、水も何もやらなくても芽が出る」という反射シートでの平置き出芽。父親の苦労を見ているだけに最初は信じられなかったが、「一年目なら失敗してもそんなに責められないだろう」と恐る恐るやってみることにした。ただ根が几帳面なだけに、本当に閉めっ放しで温度が大丈夫なものか測ってみないとちょっと不安。そこで気温とシートの下の培地温を温度計で測りながら実践した。すると、確かにハウス内が四〇～五〇度になってもシートの下は三〇度前後をキープ。何もせずとも見事に芽が出た。

プール育苗で水やりの心配からも開放

以来、出芽は反射シートで失敗知らず。「かけている期間中は一番安心」というほどラクになったが、問題はその後。水やりには相変わらず苦労していた。朝たっぷりかん水したつもりでも、昼過ぎには萎れ始めたり。かん水の上手下手も如実に出て、水が少ないところはすぐ萎れて生育ムラになった。忙しいからとお母ちゃんにかけてもらえばかけ方が気に食わないとケンカになるし、自分がかけたところにムラが出たらバカにされるし……。そんなこんなで澤村さん、コンバインが壊れたのをきっかけに再び田んぼを人に預けてしまった。

でも定年を迎えて専業農家になったら、田んぼは返してもらう約束。春はスイカの定植やリンゴの摘花などの作業も重なり、ただでさえ忙しい時期だ。もう水やりの苦労はしたくないと、退職前から再び勉強。プール育苗に目をつけ、田んぼ再開と同時にやってみることにした。

日没後、ラインレーザー式水準器（MAXレーザー墨出器LA－21）をセットする澤村さん。レーザー水準器はホームセンターなどで数万円で買える

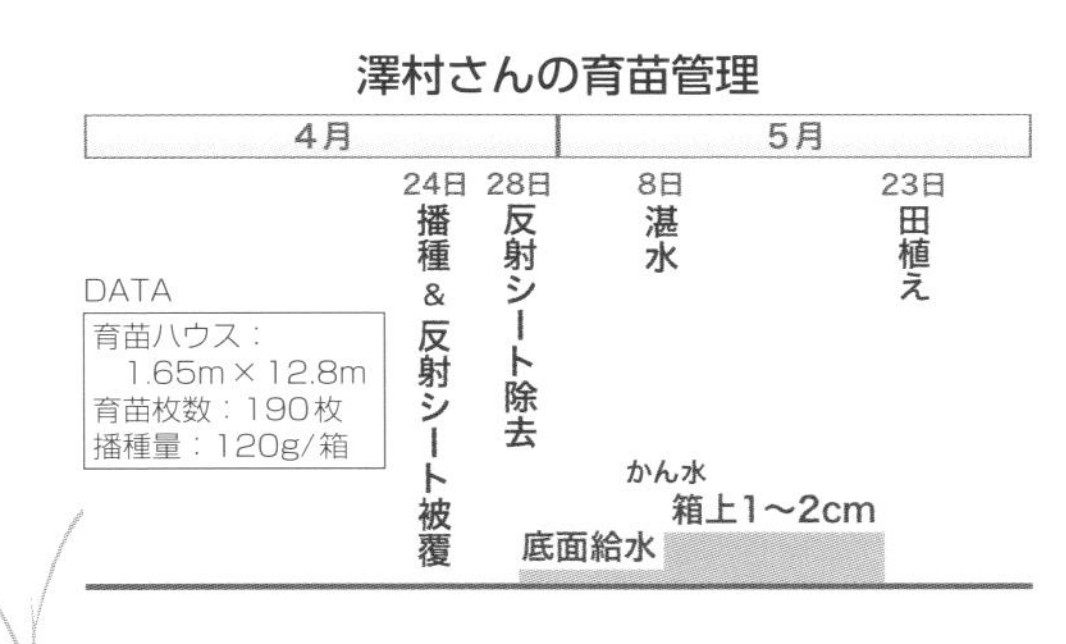

気温と反射シート下の温度変化(2014)

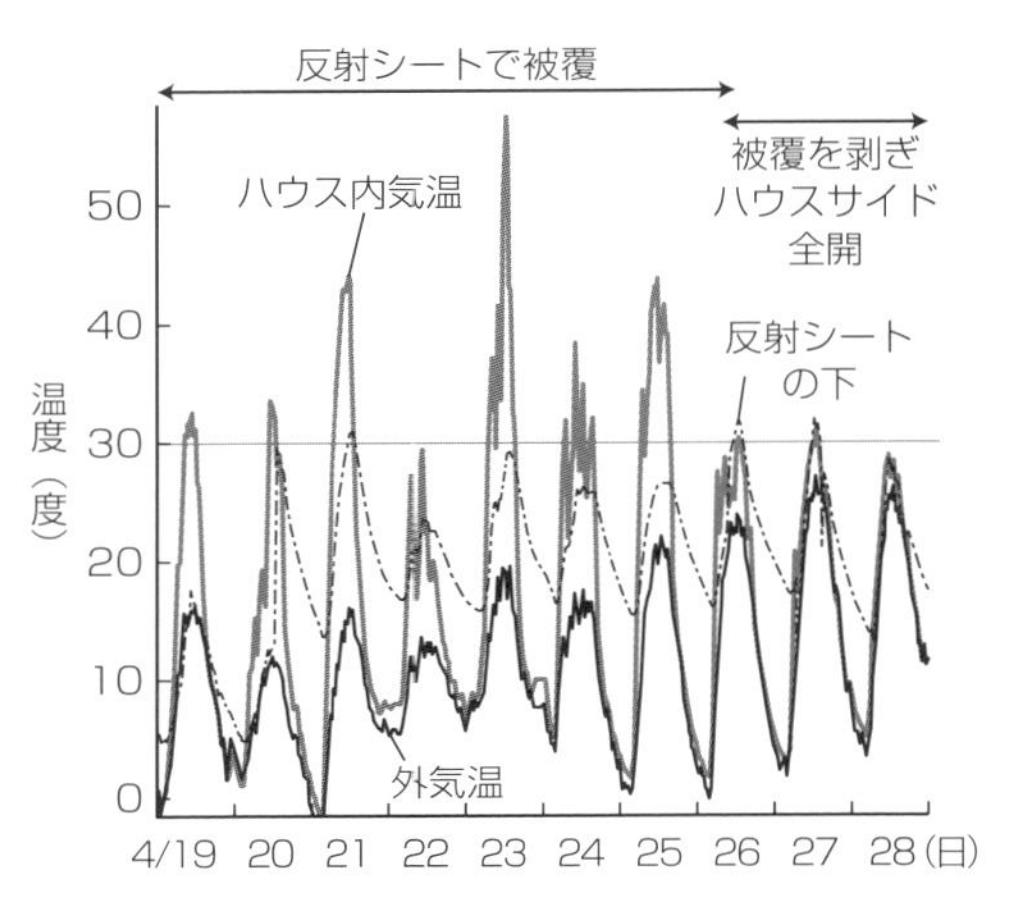

「おんどとり」で実測したデータ。ハウス内気温が60度近くまで上がっても反射シートの下は30度程度に抑えられている

反射シート(太陽シート)を張った苗床と温度計(おんどとりRTR－501)。定期的に温度を測定し、携帯やPCにデータを送ってくれるタイプ。ハウスの外と中、反射シートの下と3カ所設置している。今はほとんど見なくなったが、始めた当初は心配で、実際の温度変化をチェックしていた。プール育苗も同様

水位を見る澤村さん。高低差5mm以内の真っ平らなプールだから、水位調節は簡単。出芽後すぐにでも種モミが浸からない程度の浅い水深で満遍なく底面給水することもできる

始めるにあたっては、また几帳面な性格を発揮。プールはレーザー式水準器を使って高低差五mm以内の真っ平らに仕上げた。また五月でも霜が降りるような寒冷地だけに、寒さも心配。水を張ってからハウスは全開放にするものの、気温と水温を温度計で記録して本当に大丈夫か確かめた。すると、霜が降りるような日でも夜間の水温は一五度あたりを維持。これで換気の心配からも解放、水やりにも気をつかわずに育苗できるようになった。

何より苗の出来がいい。丈はビシッと揃うし、茎は太くてバキバキに固い。田植えのときも根張りがよいから丸めて持ったりしても崩れないし、田植え後の補植に入る母ちゃんたちにも「固くて植えやすい」と好評だ。

今では育苗のトラブルはほとんどなし。勉さんが勤めの頃は「本当に神経をつかってハウスを見てました」という早苗さんも、「今はぜんぜん心配なくってラク」。スイカやリンゴの仕事に集中している。「太陽シートとプール育苗は、私にとって願ってもない組み合わせでした」と勉さん、感慨深げだ。

果樹農家も野菜農家も集落みんな反射シート&プール育苗

●福島県須賀川(すかがわ)市・藤田忠内(ちゅうない)さんほか

藤田さんの経営

イネ8町、
ナシ8反、
ブドウ3.5反
反射シート30年、
プール育苗20年

集落みんな育苗の失敗なし

反射シート平置き出芽を約三〇年、プール育苗と組み合わせて約二〇年になるベテラン・藤田忠内さん。その田んぼがある福島県須賀川市の仁井田地区では、どちらもやっていない農家を探すほうが難しいくらい当たり前の技術になっている。五月上旬、仁井田地区「農友会」一〇軒の恒例行事、それぞれの苗を見て回って最も優秀な苗を決める「苗見会」にお邪魔すると、ことごとく反射シート&プール育苗。どの苗も揃いがよく、茎が太くて根張りもガッチリしている。「育苗の失敗は、もう極端に減りました」と指導役のベテラン農協課長も認めるいい苗ばかりだ。

田んぼ八町のほか、ナシ八反、ブドウ三・五反つくる藤田さんをはじめ、ほかのみなさんもナシやキュウリなどをつくる複合経営。さまざまな作業が重なる春は大忙しで、かつては苗を焼いたり徒長させたりと失敗も多かった。逆に苗が気になって仕方なかった藤田さんは、「育苗時期はいっさいナシ畑に来なかった。田植えが終わって来てみたら草ボーボーって感じで」と笑う。

それが、反射シートとプール育苗に取り組んでからは一転。「育苗ハウスは水が入ってるかどうかを見るだけ。開け閉めも気にしなくていい」。その分、早め早めにナシの仕事がで

藤田忠内さんと反射シート&プール育苗の苗。葉っぱをつかみ、乱暴に持ち上げてもまったく崩れないほど根張りがいい

きるようになった。そんな藤田さんの様子を見ていた農友会のみなさんも、続々と反射シート&プール育苗に取り組み始めたというわけだ。

名人でなくてもできる「ホンモノ技術」

「(反射シートは) 三〇年やってきて、一度も失敗したことない」と断言する藤田さん。でも始めるときにはさすがに心配で、まだ寒さの厳しい三月のハウスで反射シートを使った平置き出芽の実験をしてみた。春先とはいえ、閉め切ったハウスの気温は五〇度近くに上昇。夜は一転してかなり冷える。それでも我慢して四日目の朝、見事に出芽！ これで確信を持って使い始めたという。

農友会でも注目を集めたが、当時は当たり前だった育苗器とはあまりに違う出芽法。「こんな銀紙で芽が出るなら、逆立ちして村中歩いてやる」と笑う人もいたらしい。ところが、毎年バッチリ芽が出るどころか、育苗器や積み重ねよりも揃いがいい。いまや笑った当人も、反射シートを使っているそうだ。

プール育苗と組み合わせたのも、藤田さんが先駆け。こちらはすぐ集落に広まった。芽出しがうまくいっても、みんな水やりには苦労していたからだ。一〇〇〇枚くらいつくっていると、手かん水だと二～三時間かかる。しかも、朝かん水しても、天気がいいと昼頃には乾いてくる。畑にいてもソワソワしてきて水やりに帰り、ろくにお昼を食べる間もなく午後の仕事をこなしているうちに、また夕方には乾いてきて……と落ち着かない。

土嚢で堰をつくって棚田状のプールにした
ナシ農家の大槻博さん

プールをつくって水に浸せば、乾く心配は無用。そのうえハウスは開けっ放しで換気にも気をつかわなくていいとなれば、安心してほかの仕事に打ち込める。しかも、いち早く始めた藤田さんの苗は農友会でも表彰の常連となれば、やらない手はない。

「太陽シートとプール育苗は、誰でもできる。しかも苗の出来もいい。やっぱ名人だけじゃなくて、誰でもラクしていいものできる、それがホンモノ技術なんでねーの」と藤田さんは思っている。

それぞれの条件に合わせた工夫も続々

誰でもできる反射シート＆プール育苗ではあるが、各家庭の経営や育苗ハウスの場所など条件は千差万別。それでもうまくやるため、農友会ではメンバーそれぞれが工夫をこらしてきた。

育苗ハウスに高低差六〇cmもの勾配があった大槻博さんは、土嚢で堰をつくって棚田状のプールを作製。大槻武秋さんも堰をつくっているが、こちらは敷きビニールを持ち上げて堰にしただけの簡単な区切り。メインのキュウリの作業が忙しく、田植えの期間が長引いても区切ったプールで水を維持できるようにした。

かん水の手間をさらに減らしたいと思い、反射シートを剥がしたら二〜三日でプールに水を張るようにした根本幹栄さんは、ハウスのサイド際の出芽遅れを極力なくすため、水の入ったビニールチューブをサイド際に設置して保温。出芽を揃えることで水没する種モミが出ないように気をつけている。

それぞれ工夫を重ねてきた結果、苗見会での表彰も「甲乙つけ難くなってきた」というのが最近の嬉しい悩み。揃いがよく、固くて根張りのいい苗ができれば、植えやすくて田植えもラク。田植え後も、風が吹こうが寒くなろうがしっかり活着するので心配も減り、ほかの仕事にも身が入る。あまりにラクなので、お客さんに売るほど育苗枚数もどんどん増えているという藤田さんであった。

サイド際にビニールチューブを置いて水を入れ、湯たんぽ代わりにした根本幹栄さんのハウス

敷きビニールを持ち上げた堰でハウスを区切ったキュウリ農家の大槻武秋さん

藤田さんの育苗管理

4月			5月
16日 播種＆反射シート被覆	21日 反射シート除去	27日 湛水	14日 田植え

手かん水 → かん水 底が浸かる

DATA
育苗ハウス：5.4m×50m
育苗枚数：3,000枚
播種量：100g/箱

北東北の豪雪地帯でも露地プール育苗で頑丈苗、安定一一・五俵どり

●秋田県横手市・山石秀悦さん&学さん

山石さんの経営

イネ6町
出芽は育苗器。
露地プール育苗
14年

露地でコスト削減、水苗代のような頑丈苗に

コストを下げる、反収を上げる、労力を軽減する――この三つを常に追求し、田んぼ六町の稲作専業経営で低米価の厳しい状況に立ち向かってきた山石秀悦さん、学さん親子。「この田んぼは一二俵いくかな。全体の平均反収で一一俵半は穫れなきゃ困りますね」という収穫前の田んぼは、一五〇粒を超える巨大な穂が滝のように垂れ下がる迫力ある姿だ。どんな異常気象でも一〇俵を下回ることはないという高反収を見事に実現。そんなイネづくりに欠かせないのが、露地プール育苗でつくる一〝丈夫〟というより〝頑丈〟な苗だという。

労力軽減のため、ハウスでのプール育苗には早くから取り組んでいた山石さん。ハウスの立て替え時期を迎えた一四年前、さらなるコスト削減を目指して始めたのが、雑誌『現代農業』で知った露地プール育苗だった。かまくらで有名な豪雪地帯である秋田県横手市は、東北の中でも寒さの厳しい地域。露地プールならハウスの経費はかからないとはいえ、当然、寒さは心配だった。

そのとき思い出したのが、昔の苗つくりだ。「私の父が、昔は水苗代でやっ

山石秀悦さんと息子の学さん。
収穫前のあきたこまちの田んぼにて

ていたんです。当時の苗は頑丈でした」と秀悦さん。露地プールも、苗を育てる環境は水苗代と同じこと。だったらできないわけがないし、昔のように頑丈な苗ができるはず……と考えて踏み切った。

ところが初年度は、いつにも増して寒さの厳しい春に。露地プールに並べた苗は、寒さに当たって葉っぱが真っ黄色になってしまった。『あれもう失敗でねぇべか』って集落の人たちのほうが騒いでました」と振り返る。もちろん秀悦さんも心配して、夜もよく眠れず朝早くから苗床へ通った。無惨に変色した苗だったが、朝見ると葉っぱに露があがっている。まだ生きている証拠だと思ってプールを続けたところ、だんだん元気になって、最終的には水苗代時代のように茎が太くて根張り抜群の頑丈な苗に仕上がった。

深水にすれば遅霜がきても心配ない

以来一四年を経て、寒い年も、逆に暑い年でも対処できる、より安全な露地プール育苗の方法を確立してきた。

気をつけているのは、湛水するまでの温度管理。四月下旬に播種する苗箱は、気温に左右されず確実に出芽させるために三二度の育苗器で二晩かけて芽出し。出芽して露地プールに並べたら培土に温度計を挿しておき、最初の三日間は健苗シートとラブシートで二重被覆する。一葉が出るまでは、できるだけ培土の温度が一〇度を切らないようにしっかり保温してやったほうが、その後の生育がいじけないからだ。

逆に気温が二〇度を超えそうな晴天の日は、朝一番で健苗シートを剥いでやる。それでも培土の温度が三二度以上に上がりそうだったら、ラブシートの上から散水。これで温度は下げられる。

一葉が開いてきたらラブシートも剥いで湛水。ハウスの

育苗箱で芽出しした苗箱を露地プールに並べ、ラブシートをかける。この上に健苗シートもかけて3日間はしっかり保温。プールは防草シートの上に厚手のブルーシートを張ってつくる

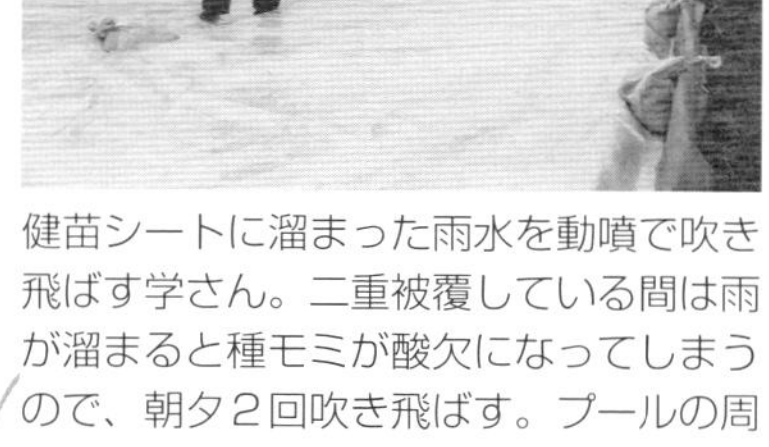

健苗シートに溜まった雨水を動噴で吹き飛ばす学さん。二重被覆している間は雨が溜まると種モミが酸欠になってしまうので、朝夕2回吹き飛ばす。プールの周囲と中央に掘った明渠に流してやる

プール育苗よりやや早め、ただし酸欠にならないよう低めに湛水することで、水の力で苗を守る。以降はどんなに寒くなっても葉先が出る程度の深水にしてやれば、たとえ遅霜がきても問題ないという。

暑さも水で克服、どんな年でも頑丈苗

二〇一六年は、横手でも五月下旬で二九度を記録するほどの夏日が続き、むしろ暑さのほうが心配だった。山石さんの周辺でもハウス育苗の人は、暑いからと換気すれば苗が乾くし、何度もかん水すれば伸びすぎるしと大苦戦。ヒョロヒョロの苗を田植えを早めてでも植えるしかなく、田植え後は強風にさらされて枯れてしまったりと散々だった。

いっぽう山石さんは、日中は新鮮な水をたっぷり入れ、夕方には落水することで水温を低く保って暑さ対策。例年通り頑丈な苗に仕上げた(56ページ)。田植え後も、葉がピンと立って風にも強いから坪五〇株の疎植で植えても怖くない。日光をたっぷり浴びて順調に育ち、冒頭のような迫力あるイネ姿になった。

「寒かったら寒いなりの、暑かったら暑いなりの打つ手がある。クスリとか農薬とかいろんな資材を使うんじゃなくて、水を利用して頑丈な苗を育てられる。これが露地プールの強みです」という秀悦さん。苗がよければ、今年の稲作にもスタートから期待が膨らむ。たとえ天候が悪くても、大きなダメージを受けないよう踏ん張れる。「何よりよいものをつくることで、農業そのものに対する意欲とか、喜びが強くなってくるんです」。そんな秀悦さんの言葉に、息子の学さんも大きく頷いていた。

5月下旬、田植え間近の露地プール苗。芝生のように真っ平らに生育が揃った

山石さんの育苗管理

4月	5月

- 29日 播種＆育苗器投入
- 1日 苗箱並べ
- 7日 湛水
- 30日 田植え

かん水 → 入水後落水 → 寒暖によって調節

DATA
育苗ハウス：なし
育苗枚数：1,400枚
播種量：100g/箱

暖地の苗大量販売農家も露地プール育苗でガッチリ成苗、大好評

●大分県臼杵市・荘田正昭さん

植えやすく、疎植にできて収量あがる

大分県臼杵市で四〇〇〇枚もの苗をつくる荘田正昭さん。大規模稲作農家なのかと思いきや、じつは自作の田んぼは三町程度でサツマイモ栽培がメイン。苗の大部分は販売用だ。この苗がすこぶる好評で、周辺はもとより、車で二〇〜三〇分かかる別の地区からもお客さんがやってくる。

兼業農家の甲斐尊さんも、そんなお客さんの一人。「根張りがいいし、茎が太くて大柄なので、田植え機のスピードを上げても欠株が出にくいですね。植え終わったあとの水管理もしやすくて、非常に気に入ってます」と絶賛。坪四五株の疎植にしているのだが、苗がたくましい分、寂しく見えないのも安心だ。活着も早くて株張りよく育ち、収量もあがる。二〇一五年には飼料米タカナリで反収一〇俵以上あげ、市内で二人しかいなかった数量支払い交付金の最高額も

荘田さんの苗を絶賛する甲斐尊さん

販売用の成苗をつくる荘田正昭さん

荘田さんの経営

イネ3町、販売用の水稲苗4,000枚
サツマイモ3町、サトイモ1町
出芽は積み重ね。露地プール育苗20年

いただいた。
植えやすく、管理もしやすく収量もあがるという荘田さんの苗を見せてもらうと、草丈二五cmとかなりの大柄。それもそのはず、すでに六枚目の葉も伸びてきている成苗なのだ。

パレットの上に11段苗箱を積み重ね、ブルーシートをかけるだけで芽出し。後ろの育苗ハウスはサツマイモ専用

成苗四〇〇〇枚でも管理は余裕

手植え時代に水苗代でつくった苗のように活着が早く、異常気象にも強いといわれる成苗。今でもポット苗などでつくり続けている根強いファンもいるが、大部分の農家は三・五葉の中苗や二・五葉の稚苗だろう。一番の問題は、育苗期間が四〇日以上かかること。それだけ長期にわたって苗の管理をするのは大変だし、長くなるほど病気にかかるリスクも高まるからだ。

荘田さんは、露地プール育苗にすることでこの問題を解決した。露地プール育苗なら換気や水やりの手間はかからないし、病気も出にくい。じつは二〇一六年も、育苗期間の雨が多かったためか周辺では苗イモチが大発生したが、荘田さんの露地プールではまったく発生しなかった。

それに露地プール育苗なら、苗の注文が増えてもほとんど経費をかけずに育苗枚数を増やせる。評判の広まりとともに育苗枚数を増やしてきた結果、四〇〇〇枚にもなったというわけだ。

フォークリフトで運び、露地プールに並べた苗箱。積み重ねなのでどうしても出芽にムラはあるが、プールにすればだんだん揃ってくる。プールは田んぼに農ポリを二重に敷いてつくる

不織布一枚かけるだけ、水があれば問題ない

芽出しにも、手間と経費をできるだけかけない。播種しな

苗箱を並べたら木枠を立て、不織布で被覆

がら苗箱をパレットにどんどん積み上げ、一一段を一セットにして屋外に並べ、ブルーシートをかけておくだけ。四月下旬から五月中旬の播種なのでこれでも温度は十分上がり、一週間前後で二cmくらい芽が出る。出芽にバラツキはあるものの、プール育苗にすれば後々結構揃ってくる。出芽した苗箱をパレットごとフォークリフトで露地プールに運んで並べられるので、効率も非常にいい。

並べてからの管理も簡単。被覆資材は鳥避け用の不織布（パオパオ）一枚だけ。暖地ならではかもしれないが、遅霜が降りた年でもこれで問題なかったという。

水やりも、手かん水は並べるときだけ。二～三日後に乾いてきたらプールに水を入れ、自然に減ってきたら足してやる。二葉目が出てきたらパオパオも剥いで完全露地状態に。「露地に出したら、寒かろうが暑かろうが、イネは合わせますから。水があれば心配ないです」と荘田さん。このたくましい成苗があるから、まだ田んぼを続けられるという農家も多いそうだ。

露地プール苗　慣行苗

荘田さんの露地プール苗は草丈25cmもある成苗だが、腰（第1葉の高さ）は慣行苗よりもかなり低くて茎も太く、たくましい姿。「芽が出たら、すぐ外気に当てて育てるからや」と荘田さん

2葉目が出てきたら不織布も剥ぐ。あとは水が減ってきたら足しつつ、20日過ぎに追肥をモミ酢や石膏と一緒にやり、40～50日で成苗に仕上げる

荘田さんの育苗管理

5月			6月
7日	13日	15日	18日
播種＆積み重ね	苗箱並べ	湛水	田植え

かん水　手かん水　苗箱縁まで入水、減ったら足す

DATA
育苗ハウス：なし
育苗枚数：4,000枚
播種量：80g/箱

保温効果[3]	地温抑制効果[3]	厚さ(mm)	遮光率	価格/m^2 [3] [4]
○	◎	0.05	80%以上	85〜125円
◎	◎	0.12	90%	550円
○	◎	0.06〜0.065	98%以上	109〜151円
○	◎	0.03	80〜90%	80円
○	○	0.05	80、90%	150〜160円
◎	○	0.07〜	85〜95%	350〜400円
◎	○	0.07〜	100%	430〜510円
○	○	0.05	80%	80円
◎	×	0.3	70〜75%	140〜170円
◎	×	2〜0.3	30〜55%	140〜170円
△	△	0.01〜0.02	40%	130円

被覆資材一覧

製品名	メーカー 問い合わせ先[1]	性質[2]
反射シート		
太陽シート	旭洋紙パルプ (03-3271-7322)	OPPにアルミを蒸着しPEでコーティングしたもの
ピアレスフィルム	日本ピアレス工業 (075-921-7860)	PEにアルミを蒸着し農ビをラミネートしたもの
ポリシャインS	日立化成 (03-5533-7910)	OPPにアルミを蒸着しPEをラミネートしたもの
マルチミラーS	麗光 (075-311-4103)	PEにアルミを蒸着し保護コート剤でコーティングしたもの
シルバーシート		
水稲用シルバーポリトウ (遮光率#80、90)	東罐興産 (03-5472-5111)	PEフィルムの中間層にアルミ粒子を挟み込んだもの
シルバーラブ	東罐興産	シルバーポリトウ(#80または90)の片側に不織布を接着したもの
複合シルバー	東罐興産	シルバーポリトウ(#100)の片側に低発泡シートを接着したもの
イワタニ三層 シルバーポリ水稲用	岩谷マテリアル (03-3555-3501)	PEフィルムの中間層にアルミ粒子を挟み込んだもの
発泡シート		
健苗シート	積水フィルム (06-6365-4220)	高圧PEを低発泡させたもの
ミラマット ミラシート	JSP (03-6212-6300)	高圧PEを独立気泡構造に高発泡させたもの
不織布		
ラブシート	ユニチカ (06-6281-5362)	ポリエステル長繊維でつくった不織布

注　1) 入手については地元のJAや資材販売店にお問い合わせください
　　2) OPP：二軸延伸ポリプロピレンの略、PE：ポリエチレン
　　3) 農文協編集部調べ
　　4) 価格は推定末端価格。取り扱い店舗によって異なることがあります

撮影・本文

photofarmer
依田賢吾
（よだ　けんご）

写真でわかる
イネの反射シート＆プール育苗のコツ

2017年1月30日　第1刷発行
2021年1月30日　第4刷発行

編者　一般社団法人　農山漁村文化協会
編集　依田 賢吾

発行所　一般社団法人　農山漁村文化協会
〒107-8668　東京都港区赤坂7丁目6－1
電話　03(3585)1142（営業）　03(3585)1147（編集）
FAX　03(3585)3668　　振替　00120-3-144478
URL　http://www.ruralnet.or.jp/

ISBN978-4-540-16170-4　DTP制作／㈱農文協プロダクション
〈検印廃止〉　印刷・製本／㈱シナノ

定価はカバーに表示
Printed in Japan